監修・写真 KAGAYA
文 山下美樹

星空写真家
KAGAYA 月と星座

冬の星座

監修・写真 **KAGAYA**
文 山下美樹

金の星社

はじめに

夜空は宇宙を見わたす窓のようなものです。
まだまだなぞが多い広大な宇宙は、
たくさんのおどろきに満ちています。
月や星について知ると、
これからの人生の楽しみも増えることでしょう。
夜空はこれからもずっとみなさんの上に
広がっているのですから。
夜空を見上げることは、
とてもかんたんでだれにでもできます。
もし興味を持たれたら、この本を片手に
ぜひ夜空を見上げてみてください。

星空写真家 KAGAYA

橋杭岩と冬の星座（2023年 和歌山県）

もくじ

冬の星座 ——————— 4
冬の夜に見える星空 ——————— 6
オリオン座 ——————— 8
オリオン大星雲 ——————— 10
星雲の種類 ——————— 11
おおいぬ座 ——————— 12
こいぬ座／いっかくじゅう座 ——————— 14
冬の大三角 ——————— 16
おうし座 ——————— 18
プレアデス星団（すばる）——————— 20
星団の種類 ——————— 21
ぎょしゃ座 ——————— 22
ふたご座 ——————— 24
エリダヌス座／うさぎ座 ——————— 26
りゅうこつ座／とも座／
ほ座／らしんばん座 ——————— 28
オーロラ ——————— 30
いろいろな形のオーロラ ——————— 32
オーロラのしくみ ——————— 34
オーロラが見える場所 ——————— 35
星までの距離と明るさ ——————— 36
はるか遠くにある星ぼし ——————— 36
等級で表す明るさ ——————— 36
星の色のちがい ——————— 37
KAGAYAさんに聞く！〜体験談〜
オーロラの観察 ——————— 38

※写真の（　）内には、撮影年・撮影場所を記しています。

冬の星座

冬は見つけやすい星座が多く、夜空には一年で最も多くの１等星がかがやきます。オリオン座の赤い１等星ベテルギウス、全天で最も明るいおおいぬ座の１等星シリウス、こいぬ座の１等星プロキオンを結ぶと、冬の大三角になります。ほかには、おうし座、ぎょしゃ座、ふたご座、りゅうこつ座にもそれぞれ１等星がかがやいています。

青い池と冬の星座（2015年 北海道）

この星空が見える時期
12月中旬の0時ごろ
1月中旬の22時ごろ
2月中旬の20時ごろ

円の外側にある東・西・南・北の文字のうち、見たい方角の文字が下になるように回転させると、その方角の星空のようすがわかる。

冬の夜に見える星空

　冬の星座をさがすには、まずオリオン座を見つけましょう。明るい星が縦向きのリボンのような形にならんでいます。星座絵では、狩人オリオンが右手でこん棒をふり上げたすがたです。ベルトの位置にならんだ三つ星を南東にのばすと、全天で一番明るいおおいぬ座の1等星シリウスが見つかります。オリオン座の1等星ベテルギウス、シリウス、こいぬ座の1等星プロキオンを結んだ形が「冬の大三角」です。オリオンとにらみ合うような位置にはおうし座があり、目には1等星のアルデバランが光り

北

東　西

南

星座の起源は約5000年前のメソポタミア。星を結んで神話の英雄や動物をえがいた。実際の空に線や絵はない。

※この全天図や星座絵の星の色は、実際の星の色のちがいを元に、わかりやすく色分けしています。

ます。おうしの角の先には、ぎょしゃ座とふたご座があります。ぎょしゃ座の1等星カペラ、ふたご座の1等星ポルックス、そしてプロキオン、シリウス、オリオン座のもうひとつの1等星リゲルと、アルデバランを結んだ形を「冬のダイヤモンド（冬の大六角）」と呼びます。

星の明るさ

「等級」は、星の明るさを表します。数値が小さいほど明るく、肉眼では6等まで見えます。等級が1段階上がると約2.5倍明るく、1等星は6等星の約100倍の明るさです。

| 1等級 | 2等級 | 3等級 | 4等級 | 5等級 | 6等級 |

西へしずむオリオン座と火星（2023年 鹿児島県）

オリオン座
Orion

　冬の夜空を代表する星座といえば、オリオン座です。2つの1等星と5つの2等星がリボンのような形にならび、都会の空でも見つけられます。赤い1等星ベテルギウスは冬の大三角のひとつで、青白い1等星リゲルは、冬のダイヤモンドのひとつです。三つ星のベルトの南には、三つ星より暗い「小三つ星」があり、そのまん中はオリオン大星雲です。

オリオン座のオリオン大星雲

オリオン大星雲　The Orion Nebula

　オリオン座の小三つ星のまん中にかがやく散光星雲で、ぼうっとした光が肉眼でも見えます。星雲とは、ガスやチリが集まって雲のように見える天体です。大きく分けると、散光星雲、暗黒星雲、惑星状星雲、超新星残骸の4種類になります。肉眼で見える星雲もありますが、望遠鏡や写真で見るとより美しく見えます。

星雲の種類

散光星雲

ガスが自ら光ったり、チリが近くの星の光を反射したりして光る星雲。前者を発光星雲、後者を反射星雲ともいう。

いっかくじゅう座のばら星雲

暗黒星雲

星の光をかくすほどガスやチリがこい星雲。後ろに大きな散光星雲などがあると、暗黒星雲がうかびあがって見える。

オリオン座の馬頭星雲

惑星状星雲

太陽くらいの重さの星が死ぬときに出したガスが、円ばん状に広がった星雲。中心には小さく高温の天体が残る。

みずがめ座のらせん状星雲

超新星残骸

重い星が死ぬときに爆発を起こしたあと、飛び散ったガスやチリが広がって光っている星雲。

おうし座のかに星雲 M1

おおいぬ座
Canis Major

　おおいぬ座は、全天で最も明るい1等星のシリウスがあることで有名です。犬の鼻先にあたるこの星は、実際にはマイナス1.5等級で普通の1等星の約10倍の明るさがあり、冬の南の空でまっ先に目につきます。おおいぬ座の犬は、どんな獲物もにがさない神の犬ライラプスとも、オリオンの猟犬ともいわれています。

空にのぼったばかりのおおいぬ座（2021年 秋田県）

こいぬ座と冬の大三角の中に位置するいっかくじゅう座（2020年 山梨県）

こいぬ座
いっかくじゅう座
Canis Minor / Monoceros

　こいぬ座は、1等星のプロキオンと3等星の星を結んでできる星座です。プロキオンは「犬の前」という意味で、おおいぬ座のシリウスより先にのぼることから名づけられました。冬の大三角をつくる星のひとつでもあります。いっかくじゅう座はユニコーンの星座で、冬の大三角の内側に上半身にあたる部分が入っています。美しいばら星雲があることでも有名です。

冬の大三角

The Winter Triangle

　冬の大三角は、オリオン座の赤い1等星ベテルギウス、おおいぬ座の1等星シリウス、こいぬ座の1等星プロキオンを結んでできる、ほぼ正三角形の星ならびです。明るい星が多い冬の南の空でもひときわ目立ち、都会の空でもすぐにわかるでしょう。冬のダイヤモンドをつくる、おうし座、ぎょしゃ座、ふたご座の星を見つける目印にもなります。

のぼる冬の大三角（2023年 長野県）

おうし座
Taurus

　おうし座は、V字の星ならびが目印の星座です。オリオン座の左うでの先に、おうしの目の位置で赤くかがやく、1等星アルデバランが見つかります。V字の星ならびはヒアデス星団という散開星団で、おうしの顔の部分にあたります。肩の位置には、肉眼で6個程度の星の集まりに見えるプレアデス星団（すばる）もあり、美しい星座です。

おうし座と冬の天の川（2023年 北海道）

プレアデス星団（すばる）
Pleiades

　プレアデス星団は、肉眼では6個前後の星しか見えませんが、100個以上の星が集まった散開星団です。日本では「すばる」とも呼ばれます。星団とは、たくさんの星が集まって見える天体で、散開星団と球状星団の2種類があります。

星団の種類

散開星団
大きなガス雲の中で生まれたわかい星が、不規則な形に集まった星団。
数十から数百個の星の集まり。

かに座のプレセペ星団 M44

ペルセウス座の二重星団

球状星団
古い星が球状に集まった星団で、中心に近づくほど星が密集している。
数万から数百万個もの星の集まり。

ヘルクレス座の球状星団 M13

りょうけん座の球状星団 M3

北東の空にのぼるぎょしゃ座と木星 (2024 年 岩手県)

ぎょしゃ座

Auriga

　ぎょしゃ座は、大きな五角形の星ならびが特徴的で見つけやすい星座です。星座絵では馬車をあやつる御者がヤギをだいたすがたで、この御者は戦争用の二輪馬車をつくったアテナイの王といわれています。ヤギの位置には、黄白色にかがやく1等星カペラがあります。五角形の中で最も南にある2等星のエルナトはおうし座の星とされていて、おうし座の角の先端にあたります。

木ぎの間からのぞくふたご座
(2018年 北海道)

ふたご座
Gemini

　ふたご座は、冬の大三角の近くにある、明るい2つの星がならぶ星座です。2等星のカストルが兄、1等星のポルックスが弟とされ、カストルの方が少し暗いものの、ポルックスより先にのぼってきます。日本でも「金星・銀星」や「兄弟星」などと呼ばれ、ペアの星として親しまれてきました。

山の上のエリダヌス座とうさぎ座（2024年 高知県）
大気の影響でアケルナルが暗く赤っぽく見えている。

エリダヌス座
うさぎ座 Eridanus / Lepus

　エリダヌス座は、神話上のエリダヌス川を表す、曲がりくねった形の星座です。オリオン座のリゲルの近くにある3等星クルサが川の始まりです。「川の終わり」という意味の1等星アケルナルが川の終点ですが、九州より北では見えません。うさぎ座は、オリオン座のすぐ南にある星座で、オリオンの獲物だとされています。

アルゴ船を形づくる4つの星座（2023年 鹿児島県・奄美大島）

りゅうこつ座
とも座
ほ座
らしんばん座
Carina / Puppis / Vela / Pyxis

　これらの4星座は、もともとアルゴ座という1つの星座で、神話上の船（アルゴ船）を表していましたが、大きすぎるために分割されました。船尾の位置には、全天で2番目に明るいりゅうこつ座の1等星カノープスがあります。とても明るく白い星ですが、日本では地平線に近いため、大気の影響で暗く赤っぽく見えます。福島県より南なら、カノープスを見ることができます。

オーロラ Aurora

　赤、緑、ピンクといった色のオーロラが、光のカーテンのように夜空でゆらめくすがたは、とても美しく幻想的です。オーロラベルトと呼ばれる、北極や南極に近い高緯度地域で見られ、日本のような中緯度ではめったに見ることができません。一生に一度は見てみたいとあこがれる人もいるでしょう。オーロラは一年中あらわれますが、夜の長い冬が観測のベストシーズンです。

空一面に広がるカーテン状のオーロラ（2023年 ノルウェー）

コロナ状

真下から見ると、1点から広がる放射状に見える。この写真はブレイクアップ※のときのもの。(2013年 アイスランド)
※ 34ページ参照。

コロナ状

ブレイクアップの状態ではなく、上の写真より静かな動きのオーロラ。
(2023年 ノルウェー)

カーテン状

真下から少し離れた場所で見ると、カーテンのように見える。この写真のオーロラは活発な状態で明るく、縦のすじが多く見えている。（2014年 アラスカ）

アーク状

遠くから見ると、弓のように曲がって見える。この写真は縦のすじがなく、光の動きが落ち着いている状態。（2013年 アイスランド）

オーロラのしくみ

オーロラは、太陽風と地球の磁気、そして大気によって起きる発光現象です。太陽風とは、太陽からふき出すプラズマ（電気を帯びたつぶ）の流れです。太陽風は地球の磁気にさえぎられますが、地球の夜側の、磁気が不安定なところからすきま風のように入りこみ、磁気圏の内側にプラズマがたまります。たまったプラズマは磁力線にそって北極や南極の方へ運ばれ、大気とぶつかります。すると、大気がプラズマに刺激されて発光します。この光がオーロラです。

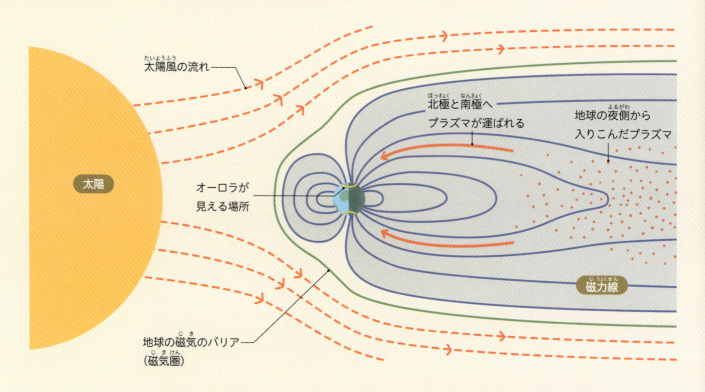

活動による見え方のちがい

ブレイクアップ

オーロラが急に明るくなり、活発な動きになる。さまざまな色が空一面で激しく動くように光る。

脈動オーロラ

不規則な形のオーロラが、脈打つように光ったり消えたりをくり返す。

赤いオーロラ（2024年 ニュージーランド）
遠くのオーロラの上部が主に見え、空が赤くそまった。

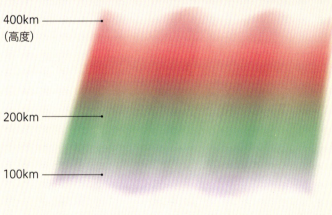

オーロラの色のちがい

　オーロラはあらわれる高さで色が決まっていて、見える色の順番が変わることはありません。それは、地球の大気の成分が、高さによってちがうからです。高いところやまん中では、大気中の酸素が多く、赤や緑に光ります。低いところではちっ素が多く、ピンクに光ります。

観光でオーロラを観察できる主な場所

オーロラが見える場所

　オーロラは、北極や南極をドーナツ状にかこむ地域で見られます。このドーナツ状の地域のことを、オーロラ帯（オーロラベルト）といいます。オーロラ帯の形や場所は地球の磁気の変化によって変わるので、いつも同じ場所でオーロラが見えるわけではありません。

星はあまりに遠いので、「光年」という単位で距離を表します。1光年は光の速度※で1年かかる距離です。下の図で、オリオン座の星までの距離を見てみましょう。一番近い星まで252光年、一番遠い星まで1977光年もの距離があります。1つの星座をつくる星ぼしも、地球からの距離はバラバラです。

※ 光は、1秒間で約30万km（地球7周半分）すすむ。

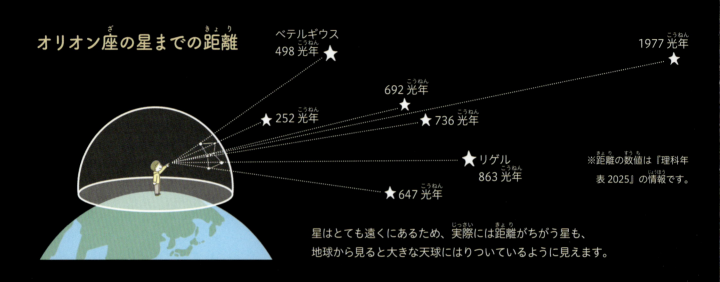

オリオン座の星までの距離
ベテルギウス 498光年
1977光年
692光年
252光年
736光年
リゲル 863光年
647光年

※距離の数値は『理科年表2025』の情報です。

星はとても遠くにあるため、実際には距離がちがう星も、地球から見ると大きな天球にはりついているように見えます。

等級で表す明るさ

夜空の星の明るさにはちがいがあります。このちがいを表すのが等級です。肉眼で見える最も暗い星が6等星で、数字が1つ小さくなるごとに約2.5倍明るくなります。1等星より明るい星はマイナス等級になります。明るい星の多くは近い星ですが、遠くても強い光を放っていて明るく見える星もあります。

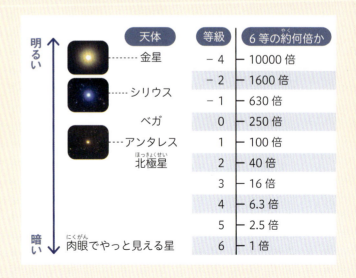

天体	等級	6等の約何倍か
金星	−4	10000倍
シリウス	−2	1600倍
	−1	630倍
ベガ	0	250倍
アンタレス	1	100倍
北極星	2	40倍
	3	16倍
	4	6.3倍
	5	2.5倍
肉眼でやっと見える星	6	1倍

明るい ↑　↓ 暗い

6つの星がつくる冬のダイヤモンド
（2021年 静岡県）

星の色のちがい

星の色は表面温度で決まります。3000度くらいの星は赤、6000度くらいの星は黄色です。青白い星は10000度以上にもなります。

冬のダイヤモンドの星では、赤いアルデバランは温度が低く、青白いリゲルは温度が高い。

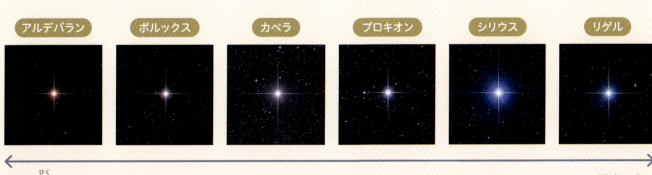

温度が低い　　　　　　　　　　　　　　　　温度が高い

KAGAYAさんに聞く！ ～体験談～

オーロラの観察

夜空を光がまうように見えるオーロラは、見るたびに新しい発見があります。次はどのようなオーロラに出会えるか楽しみで、何度も出かけていきたくなります。そんなオーロラの観察や撮影の体験についてごしょうかいします。

観察はカナダやアラスカで見ごろは秋から冬

オーロラは、北極や南極をドーナツ状に取りかこむオーロラ帯と呼ばれる高緯度地域で見られます。北半球では、北米のカナダやアラスカ、北欧のフィンランド、ノルウェー、アイスランドなどがオーロラ帯にあたります。オーロラは晴れていないと見えません。経験上、北欧より北米の方が晴れやすいため、オーロラが一番の目的なら北米への旅行をおすすめします。

南半球でオーロラ帯にあたる地域は、南極大陸とその周辺の海です。オーロラ帯からは離れているものの、ニュージーランドの南島では、運がよければ南の低い空に赤いオーロラを確認することができます。

オーロラは一年中あらわれますが、夜の長い秋から冬が見ごろです。

激しく動くカーテン状のオーロラ。（2014年 アラスカ）

低い空にあらわれた赤いオーロラ。（2024年 ニュージーランド）

オーロラの撮影は2〜3週間の長期戦

オーロラ帯にあたる地域は、くもりがちな場所が多いため、撮影は2〜3週間の長期戦となります。経験上、1週間に2晩程度は晴れてオーロラが見えますが、場合によっては1週間見えないこともあります。オーロラといっしょに撮りたい地上の景色をさがし、ときにはそこで何日もチャンスを待ちます。今年がダメでもまたいつか、と気長な人生の楽しみにすることもあります。運がよければ、空いっぱいにあざやかな光が激しく波打つような、オーロラのブレイクアップにめぐり会うこともあります。

オーロラを撮るKAGAYAさん。（2014年 アラスカ）

あわいオーロラは10〜30秒のシャッタースピードで撮影するため、天の川もいっしょに写せる。（2023年 アイスランド）

オーロラは写真の方が色あざやか

活動が静かなときのオーロラは、じっくり構図を考えて撮影することができます。肉眼では白っぽい雲のようなあわい光に見えても、10〜30秒程度光を集めて撮ると、あざやかな緑や赤に写ることがあります。このシャッタースピードなら、オーロラといっしょに星や天の川もよく写ります。

オーロラが明るくなり、速く動くときは、撮影もあわただしくなります。オーロラの形をとらえるために0.5秒や1秒程度にシャッタースピードを速め、オーロラの動きを先読みして構図を変えます。何台ものカメラを操作しているので大変です。

KAGAYAさんのオーロラ体験エピソード

24歳のときに、アラスカで初めてオーロラを見ました。今から思うと活発なオーロラではなかったものの、その光景に魅入られ、その後何度もオーロラを見に出かけるきっかけになりました。厳しい環境での撮影もあり、私自身が飛ばされそうな強風の中、必死に三脚をおさえながら撮影したこともあります。

出かけるたびに見たこともないオーロラがあらわれ、世の中には私の知らない現象がまだまだあると思い知らされました。

オーロラを見たい人へ

オーロラを見やすい秋冬は−10〜−30度ほどに気温が下がるので、防寒具レンタルつきのツアーへの参加がおすすめです。寒さも楽しみながら見るオーロラは、きっと一生の思い出になるでしょう。

★ 監修・写真

星空写真家・プラネタリウム映像クリエイター
KAGAYA（カガヤ）

1968年、埼玉県生まれ。宇宙と神話の世界を描くアーティスト。プラネタリウム番組「銀河鉄道の夜」が全国で上映され観覧者数100万人を超える大ヒット。一方で写真家としても人気を博し、写真集などを多数刊行。星空写真は小学校理科の教科書にも採用される。写真を投稿発表するX（旧Twitter）のフォロワーは90万人を超える。天文普及とアーティストとしての功績をたたえられ、小惑星11949番はkagayayutaka（カガヤユタカ）と命名されている。
X：@ KAGAYA_11949　Instagram：@ kagaya11949

★ 文　山下美樹（やました みき）

1972年、埼玉県生まれ。NTT勤務、IT・天文ライターを経て童話作家となる。幼年童話、科学読み物を中心に執筆している。主な作品に、小学校国語の教科書で紹介された『「はやぶさ」がとどけたタイムカプセル』などの探査機シリーズ（文溪堂）、「かがくのお話」シリーズ（西東社）など。日本児童文芸家協会会員。

全天図・星座絵／KAGAYA　　編集／WILL（内野陽子・木島由里子）
図解イラスト／高村あゆみ　　DTP／WILL（小林真美・新井麻衣子）
デザイン／鷹觜麻衣子　　　　校正／村井みちよ

表紙写真　表：クリスマスツリーの上にかがやくシリウス（2019年 北海道）
　　　　　裏：青い池と冬の星座（2015年 北海道）
P.1 写真　冬の街明かりとオリオン座（2024年 長野県）

※この本では冬に見やすい星座を紹介していますが、
　写真は必ずしも冬に撮影したものとは限りません。

星空写真家KAGAYA 月と星座
冬の星座

2025年3月　初版発行

監修・写真　KAGAYA
文　　　　　山下美樹
編　　　　　WILLこども知育研究所

発行所　株式会社 金の星社
　　　　〒111-0056　東京都台東区小島1-4-3
　　　　電話　03-3861-1861（代表）
　　　　FAX　03-3861-1507
　　　　振替　00100-0-64678
　　　　ホームページ　https://www.kinnohoshi.co.jp
印刷　　株式会社 広済堂ネクスト
製本　　株式会社 難波製本

40ページ　28.7cm　NDC440　ISBN978-4-323-05275-5
乱丁落丁本は、ご面倒ですが小社販売部宛にご送付ください。
送料小社負担にてお取替えいたします。
© KAGAYA, Miki Yamashita and WILL 2025
Published by KIN-NO-HOSHI SHA, Ltd, Tokyo, Japan

JCOPY 出版者著作権管理機構 委託出版物
本書の無断複写は著作権法上での例外を除き禁じられています。
複写される場合は、そのつど事前に出版者著作権管理機構（電話：03-5244-5088、
FAX：03-5244-5089、e-mail：info@jcopy.or.jp）の許諾を得てください。

※本書を代行業者等の第三者に依頼してスキャンやデジタル化することは、
　たとえ個人や家庭内での利用でも著作権法違反です。

よりよい本づくりをめざして

お客様のご意見・ご感想をうかがいたく、読者アンケートにご協力ください。　←アンケートご記入画面はこちら

星空写真家
KAGAYA
月と星座
全5巻

監修・写真＊KAGAYA

文＊山下美樹　編＊WILLこども知育研究所

A4変型判　40ページ　NDC440（天文学・宇宙科学）　図書館用堅牢製本

月

春の星座

夏の星座

秋の星座

冬の星座

プラネタリウム映像や展覧会を手がけ、X（旧Twitter）フォロワーは90万人以上の大人気星空写真家KAGAYAによる、はじめての天体図鑑。美しく神秘的な写真で数々の天体をめぐり、夜空の楽しみ方をガイドします。巻末コラムでは、撮影で世界を飛び回るKAGAYAに、天体観測や撮影のアドバイスを聞いています。天体学習から広がる楽しみがいっぱいのシリーズ。

星座早見の使い方

星座は方角と角度がわかれば、さがすことができます。
星座早見を使って実際の夜空でさがしてみましょう。

星座早見で星座の位置を知ろう！

星座早見を使うと、いつ・どこに・どんな星座が見えるかをかんたんに調べることができます。使い方を覚えて星座をさがしてみましょう。星座早見は書店やインターネットなどで入手できます。

日付と時刻の目もりを合わせると、その日時に見える星座が中央の窓にあらわれる。

※月・惑星の位置は、星座早見にかかれていません。調べるときは、国立天文台のホームページやスマートフォンの星座アプリなどを使いましょう。

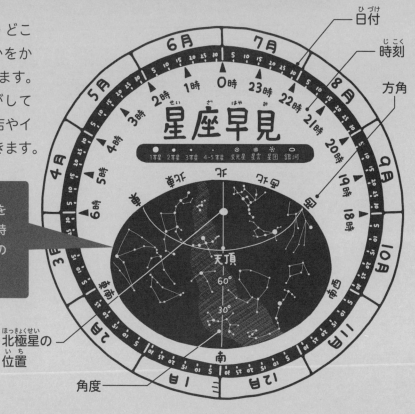

1 日付と時刻を合わせる

回転盤をまわして、日付の目もりと時刻の目もりを、観察する日時に合わせる。

7月7日の20時の場合、このように合わせる。